FORSCHUNGSBERICHTE DES LANDES NORDRHEIN-WESTFALEN

Nr. 2206

Herausgegeben im Auftrage des Ministerpräsidenten Heinz Kühn
vom Minister für Wissenschaft und Forschung Johannes Rau

Prof. Dr.-Ing. Heinz Peeken

Institut für Maschinenelemente und Maschinengestaltung
an der Rhein.-Westf. Techn. Hochschule Aachen

Festigkeitsuntersuchungen an Stahlgelenk-Ketten

WESTDEUTSCHER VERLAG · OPLADEN 1971

ISBN-13: 978-3-531-02206-2   e-ISBN-13: 978-3-322-88237-0
DOI: 10.1007/978-3-322-88237-0

Gesamtherstellung: Westdeutscher Verlag ·

Inhalt

1. Einleitung

Die vorgelegten Untersuchungen dienen dazu, an Getriebeketten Kennwerte zu ermitteln, die der Bestimmung von Beanspruchungen und der Berechnung von Schwingungen dienlich sind. Die Untersuchungen erstrecken sich auf das statische Verhalten der gesamten Kette und auf statische sowie dynamische Untersuchungen von Kettenlaschen.

Im Bereich der statischen Beanspruchung der Kette ist besonders das Last-Dehnungsverhalten für verschiedene Belastungsbedingungen zu klären. Die maximale Zugkraft in einem Kettentrieb ist im einzelnen abhängig von der zu übertragenden Nutzkraft der Kette, der Zugkraft infolge Eigengewicht sowie von den auftretenden Flieh- und Massenkräften. Die Zusammenhänge sind kompliziert. Es zeigt sich jedoch, daß für eine mathematische Erfassung von Schwingungen in Kettentrieben auf Kennwerte, wie Elastizität, Federsteifigkeit sowie auf das Last-Dehnungsverhalten, nicht verzichtet werden kann. Es lassen sich für jeden Kettentyp und für verschiedene Belastungsbedingungen charakteristische Kennwerte angeben, die das statische Verhalten eindeutig beschreiben.

Das Bruchverhalten der Kette lehrt, daß in vielen Fällen die Lasche das schwächste Glied ist. Statische und dynamische Untersuchungen an Laschen unter Berücksichtigung der Preßpassung und der Laschengestalt zeigen, daß eine Steigerung der Festigkeit dieses Bauteils möglich ist.

Der Bericht stützt sich auf die im Literaturverzeichnis aufgeführten Studien- und Diplomarbeiten des Instituts für Maschinenelemente und Maschinengestaltung der RWTH Aachen [1 bis 5], die unter der Leitung von Professor Dr.-Ing. K. LÜRENBAUM, Oberdollendorf, durchgeführt wurden. Herr Dipl.-Ing. H. SCHOTTE, Lemgo, hat an diesen Arbeiten entscheidenden Anteil.

2. Untersuchte Kettenarten und deren Aufbau

2.1 Rollen- und Buchsenketten

Rollenketten (DIN 8180) und Hochleistungsrollenketten (DIN 8187) setzen sich aus Innen- (I) und Außengliedern (II) zusammen (Abb. 1). Das Innenglied besteht aus zwei Innenlaschen (2), die durch eingepreßte Stahlbuchsen (1) miteinander verbunden sind. Die Stahlbuchsen werden von losen Rollen (5) umschlossen. Lasche (3) und Bolzen (4) – ebenso durch Preßsitz miteinander verbunden – bilden das Außenglied (II). Bolzen (4) und Buchse (1) bilden das Gelenk der Kette als Gleitlager aus. Buchsenketten, in Abb. 2 dargestellt, haben prinzipiell den gleichen Aufbau. Da hier die Rolle fehlt, ist die Buchse hier zugleich Kraftübertragungselement und Lager für den Bolzen. Sie ist daher stärker ausgebildet als bei Rollenketten. Buchsenketten haben im allgemeinen eine größere Breite, so daß die Flächenpressung bei gleicher Kraft geringer ist.

2.2 Zahnketten

Der Aufbau der untersuchten Zahnketten (DIN 8190) ist in Abb. 3 gezeigt. Die Laschen haben die Form eines Doppelzahnes, deren äußere Flanken einen Winkel von 60° einschließen. Um das axiale Wandern der Kette zu verhindern, ist sie durch Führungslaschen – in Abb. 3 dick gezeichnet – geführt. Die Laschen sind entweder durch Bolzen oder aber durch Wiegegelenke miteinander verbunden.

2.3 Fleyerketten

Der Aufbau der Fleyerketten (DIN 8152) ist aus Abb. 4 und 5 ersichtlich. Die Bolzen sind auf ihrer ganzen Länge in den Bohrungen der Laschen der Innen- und Außenglieder mit Laufspiel gelagert. Die Fleyerkette findet ausschließlich als Lastkette Anwendung. Ein Formschluß mit Kettenrädern ist nicht möglich.

2.4 Gallketten

Die Abb. 6 und 7 zeigen den Aufbau der Gallketten, die in ihrer leichten Ausführung in DIN 8151 und in ihrer schweren Ausführung in DIN 8150 genormt sind. Die Laschen der Kette sind drehbar in den Kettenbolzen gelagert. Bei stärkeren Ausführungen mit mehr als zwei Innen- bzw. Außenlaschen sind die Laschen in wechselnder Reihenfolge angeordnet. Die Gallsche Kette wird sowohl als Lastkette als auch als Antriebskette bei geringen Geschwindigkeiten verwandt.

3. Durchführung der statischen Zugversuche an Ketten

Die statischen Zugversuche wurden an einer hydraulisch wirkenden 60-Mp-Zerreißmaschine durchgeführt. Für alle untersuchten Kettenarten waren unterschiedliche Einspannvorrichtungen (Abb. 8 und 9) erforderlich. Nutbreite und Bohrungsdurchmesser der Einspannstücke sind der jeweiligen Kette angepaßt. Um eine möglichst gleichmäßige Spannungsverteilung über den Kettenquerschnitt zu erreichen, wurde besonderer Wert auf die zentrische Ausrichtung der Kette gelegt und die Meßvorrichtung genügend weit unterhalb der Ketteneinspannung angebracht.
Die unter Last auftretende Verformung der Kette wird mit der in Abb. 10 skizzierten Meßvorrichtung mittels Meßuhren bestimmt. Um das Meßergebnis nicht durch bei Belastung der Kette evtl. auftretenden Schrägstellungen der Kettenbolzen zu verfälschen, wird die Kettenlängung auf beiden Seiten bestimmt. Aus der Verlängerung ΔL und der Meßlänge L, die sich aus dem Produkt von Anzahl der Kettenglieder x und Teilung t ergibt, folgt die Dehnung

$$\varepsilon = \frac{\Delta L}{L} \cdot 100\%$$

Um die jeweilige Kette unter verschiedenen Versuchsbedingungen prüfen zu können, standen von jeder untersuchten Kette drei Exemplare aus der laufenden Fertigung zur Verfügung.

4. Ergebnisse der statischen Zugversuche

4.1 Last-Dehnungskennlinien bei einmaliger Lastaufbringung

4.1.1 Rollen- und Buchsenkette

Das Last-Dehnungsverhalten der Rollenkette bei einmaliger Belastung ist in Abb. 11 und das der Buchsenkette in Abb. 12 als Durchschnittswert für alle untersuchten Ketten aufgetragen. Die Kurven wurden durch stufenweises Belasten bei gleichzeitiger Dehnungsmessung gefunden. Der ähnliche Aufbau beider Kettenarten führt dazu, daß grundsätzliche Unterschiede in ihrem statischen Verhalten nicht bestehen. Bei diesen Diagrammen ist die auf die DIN-Bruchlast P_B bezogene Kettenlast P über der bleibenden Dehnung ε_{bl} und über der Gesamtdehnung ε aufgetragen. Im unteren Bereich bis etwa $0,10\,P_B$ weisen die Kennlinien einen leicht progressiven Charakter auf. Dieses Verhalten ist hauptsächlich auf Setzerscheinungen innerhalb der Kette zurückzuführen. Die nach einer bestimmten Last aufgetretene bleibende Dehnung wurde ermittelt, indem die Kette während des Versuchs jeweils wieder bis auf ihre Vorlast entlastet wurde. Bei weiterer Lastaufbringung bis etwa $0,30\,P_B$ schwächt sich die Progressivität ab. Die bleibenden Dehnungen, die überwiegend noch Setzdehnungen sind und hauptsächlich in der Lagerfläche und in der Verbindung zwischen Lasche und Bolzen bzw. Buchse auftreten, nehmen weniger stark zu. Bei etwa 40–50% der Bruchlast gehen die Kurven dann in einen degressiven Verlauf über. Die bleibende Dehnung nimmt in diesem Bereich auf Grund plastischer Verformungen der tragenden Kettenteile stark zu.

4.1.2 Fleyer-, Zahn- und Gallketten

Die Abb. 13, 14 und 15 geben die Gesamtdehnung sowie bleibende und elastische Dehnung bei erstmaliger Belastung für Fleyer-, Zahn- und Gallkette wieder. Zur Aufnahme dieser Kurven wurde zunächst eine geringe Last von 0,01 bis $0,02\,P_B$ aufgebracht, um bei den Entlastungen zur Messung der bleibenden Dehnung eine gemeinsame Basis zu schaffen. Bei den Auftragungen zeigt sich in gleicher Weise die schon früher angeführte Progressivität der Kennlinie, die bei der Fleyerkette besonders stark ausgeprägt ist und bis etwa $0,2\,P_B$ reicht.
Die Progressivität ist bei der Zahnkette geringer (Abb. 14) und nimmt bei der Gallkette noch weiter ab (Abb. 15). Der flachere Verlauf der elastischen Dehnung und der steilere Verlauf der bleibenden Dehnung bei der Zahnkette zeigen ihre große Elastizität an, die durch ihren Aufbau bedingt ist. Die in der Form eines Doppelzahnes ausgebildeten Laschen erfahren neben der Zugbeanspruchung gleichzeitig eine Biegung. Die Summenwirkung dieser Beanspruchungen führt zu den beobachteten hohen Dehnungen. Demgegenüber zeigt die Gallkette ein steiles Dehnungsverhalten (Abb. 15).

4.1.3 Kennwerte bei einmaliger Belastung der Kette

Aus den in Abschnitt 4.1.1 und 4.1.2 dargestellten Diagrammen lassen sich die in Tab. 1 zusammengefaßten charakteristischen Kennwerte ermitteln. Die Kennwerte geben die Höhe der Belastung an, bei der eine bleibende Dehnung von 0,01% und 0,2% der Meßlänge auftritt.
Die hier angegebene 0,01- und 0,2-Grenze ist mit den sonst für homogene Werkstoffe angegebenen gleichen Kennwerten nur mit Einschränkung vergleichbar, da sich bei

Tab. 1

Kennwert	Rollen-kette DIN 8187	Buchsen-kette DIN 8164	Zahn-kette DIN 8190	Fleyer-kette DIN 8152	Gallkette (leicht) DIN 8151
0,01-Grenze	$0,05\,P_B$	$0,07\,P_B$	$0,02\,P_B$	$0,02\,P_B$	$0,08\,P_B$
0,2-Grenze	$0,58\,P_B$	$0,49\,P_B$	$0,54\,P_B$	$0,30\,P_B$	$0,72\,P_B$
Fließgrenze	0,75 bis $0,80\,P_B$	–	–	–	–

erstmaliger Belastung die Setzerscheinungen voll auswirken. Erst durch wiederholte Lastaufbringung wird dieser Effekt ausgeschaltet und ein sich nicht mehr veränderndes Last-Dehnungsverhalten eintreten. Die Fließgrenze ist bei Ketten nur sehr schwach ausgeprägt, deshalb konnte ein Fließen nur hin und wieder im Lastbereich (0,75 bis 0,8) P_B beobachtet werden.

4.2 Einflüsse mehrmaliger Lastaufbringung unterschiedlicher Höhe auf die Last-Dehnungskennlinie

Der in den Abb. 11 bis 15 gezeigte und beschriebene Verlauf der Last-Dehnungskennlinien ändert sich, wenn die Ketten wiederholt belastet werden, wobei auch die Lasthöhe von Einfluß ist. Für alle untersuchten Kettenformen lassen sich drei charakteristische Veränderungen im Verlauf der Last-Dehnungslinie feststellen.

4.2.1 Die bleibende Dehnung

Die erste charakteristische Veränderung erfährt die bleibende Dehnung. Bereits im letzten Abschnitt wurde eine hohe bleibende Längung der Ketten bei erstmaliger Lastaufbringung festgestellt. Bei wiederholter Belastung konstanter Höhe zeigt sich, daß die Zunahme der bleibenden Dehnung abnimmt. Sie nähert sich asymptotisch einem Grenzwert, der wiederum von der Höhe der aufgebrachten Last abhängt. Die Zunahme der bleibenden Verlängerung wird aber schon nach etwa 10 bis 15 Belastungen so gering, daß sie im Bereich der Meßgenauigkeit liegt.
In Abb. 16 ist am Beispiel einer $25,4 \times 17,02 \times 15,88$-Rollenkette nach DIN 8187 die Zunahme der bleibenden Dehnung über der Anzahl der Belastungen aufgetragen. Die Lasthöhe betrug 2600 kp $= 0,4\,P_B$. Die schnelle Abnahme des plastischen Längenzuwachses ist darauf zurückzuführen, daß der Setz- und Ausglättungsvorgang bereits nach wenigen Lastaufbringungen im wesentlichen abgeschlossen ist.
Das gleiche Verhalten zeigen auch Fleyer-, Gall- und Zahnketten. Abb. 17 zeigt beispielhaft die Abhängigkeit der bleibenden Dehnung von der Anzahl der aufgebrachten Belastungen konstanter Größe. Die Lasthöhe betrug hier $0,2\,P_B$.
Der Einfluß des Lastniveaus auf die erreichten Grenzwerte der bleibenden Dehnung ist in den Abb. 18, 19, 20, 21 für Buchsen-, Zahn-, Fleyer- und Gallketten beispielhaft gezeigt. Die Grenzwerte der bleibenden Dehnung bzw. Längung steigen mit höherem Lastniveau zum Teil überproportional an. In jedem Fall ist aber der Grenzwert nach etwa 10 Belastungen erreicht.

4.2.2 Die Linearität der Kennlinien

Die zweite charakteristische Veränderung wird in der Linearität der Kennlinien sichtbar. Mit steigender Anzahl der Belastungen ergibt sich eine Zunahme der Linearität. Beispielsweise zeigt Abb. 22 die Last-Verformungskennlinien einer Rollenkette nach der 1., 2. und 14. Belastung. Zum Nachweis der sich steigernden Linearität lassen sich diese Kurven mathematisch in der Form $P = c\,(\Delta L)^a$ erfassen, so daß der Exponent a ein Maß für die Linearität ist. Für $a = 1$ ergibt sich ein linearer Zusammenhang. Die Auftragung des Exponenten a über der Anzahl der Belastungen (Abb. 23) zeigt, daß a bei Rollen- und Buchsenketten mit der Anzahl der Lastaufbringung abnimmt und einem Grenzwert zustrebt, der über 1 liegt. Die Kette zeigt daher stets ein nichtlineares Verhalten. Der Grund für das nichtlineare Verhalten der Rollen- und Buchsenketten ist im nichtlinearen Verhalten der geschwungenen Kettenlasche (Abb. 24) und im nichtlinearen Zusammenhang zwischen Belastung und Verformung bei Hertzscher Pressung zu suchen. Abb. 24 gibt die Ergebnisse des an einem Gummimodell gemessenen elastischen Verhaltens verschiedener Laschenformen wieder. Man erkennt, daß für die geschwungene Lasche, d. h. für endliche Werte r/a, Nichtlinearität vorliegt.

Die Messungen an Zahn- und Gallketten zeigen, daß hier die Linearität etwa konstant, d. h. unabhängig von der Anzahl der Belastungen bleibt. Bei Fleyerketten wird sogar eine Zunahme der Nichtlinearität beobachtet.

4.2.3 Die Steigung der Last-Dehnungskurven

Die dritte charakteristische Veränderung ist – wie auch Abb. 22 zeigt – an der Steigung der Last-Dehnungskurven zu beobachten. Bei allen untersuchten Ketten tritt eine Zunahme der Steigung bzw. Steifigkeit der Kette bei wiederholter Lastaufbringung und bei Erhöhung der Lasten ein. Der Grenzwert der Steifigkeit ist bei Belastungen im elastischen Bereich nach etwa 10 bis 12 Belastungen erreicht.

4.3 Last-Dehnungskennlinien nach mehrmaliger Belastung

Die bisherigen Ausführungen haben gezeigt, daß die Ketten erst nach mehrmaliger Lastaufbringung bestimmter Höhe infolge der dadurch ausgelösten Setzvorgänge eine Dehnungskennlinie erreichen, die sich auch durch weitere Belastungen nicht mehr ändert. Es ist daher sinnvoll, diese endgültigen Diagramme zusammenzustellen, da erst sie die Ermittlung endgültiger Kennwerte für die Kette im Betriebszustand erlauben.

Die Abb. 25 und 26 zeigen beispielsweise den durchschnittlichen Verlauf des Last-Dehnungsverhaltens für Rollenketten nach DIN 8187 und Buchsenketten nach DIN 8164 über den ganzen Bereich (nach 15maliger Belastung mit $0,4\,P_B$ bei Rollenketten und $0,35\,P_B$ bei den Buchsenketten). Bis etwa $0,4\,P_B$ ist das Verhalten fast linear, um dann in einen flacheren Verlauf überzugehen. Die Darstellungen des Last-Dehnungsverhaltens bis zum Bruch ist nicht erforderlich, da sich der Einsatzbereich der Ketten in der Praxis nur bis $0,2\,P_B$ erstreckt. Es sind deshalb in den folgenden Abbildungen für alle untersuchten Kettenarten das aus den Versuchen ermittelte Last-Dehnungsverhalten bei mehrfacher Belastung bis $0,2\,P_B$ aufgetragen. In den Diagrammen ist gleichzeitig der ermittelte Streubereich angegeben.

4.4 Federsteifigkeit der Ketten nach mehrmaliger Belastung

Für die Behandlung dynamischer Probleme am Kettentrieb ist die Kenntnis der Federsteifigkeit erforderlich. Aus den Diagrammen Abb. 27 bis 31 wurden die bezogenen

Federsteifigkeiten bestimmt und in den folgenden Abbildungen für alle untersuchten Kettenarten zusammengestellt. Die sich ergebende bezogene Steifigkeit wird als relative Steifigkeit bezeichnet. Es gilt

$$c_{\text{rel}} = \frac{\Delta P}{\Delta\varepsilon \cdot P_B} = \frac{\Delta P/P_B}{\Delta L/L}$$

Die Federsteifigkeit der Kette selbst folgt dann aus

$$c = c_{\text{rel}} \frac{P_B}{L}$$

mit L als wirksamer Kettenlänge. Die Abb. 32, 33, 34, 35, 36 geben die durchschnittlichen Werte der relativen Steifigkeit einschließlich des Streubereichs für den interessanten Lastbereich bis $0,2\,P_B$ für Rollenketten, Buchsenketten, Zahnketten, Fleyerketten und Gallketten an.

4.5 Elastizitäts- und Streckgrenzen von Ketten nach mehrfacher Vorbelastung mit $0,4\,P_B$

Entsprechend den in DIN 50143 bis 50145 festgelegten Bestimmungen über die Elastizitäts- und Streckgrenze wird hier für Ketten die Elastizitätsgrenze durch den Bruchteil der Kettenbruchlast P_B angegeben, bei dem die bleibende Verformung 0,01% beträgt. Die Streckgrenze ist durch die Last definiert, bei der eine bleibende Verformung von 0,2% entsteht. Die Werte für Elastizitäts- und Streckgrenze lassen sich leicht aus den bisher zusammengestellten Diagrammen ermitteln. Sie sind in der folgenden Tab. 2 zusammengestellt. Die Werte haben Gültigkeit für alle unter der entsprechenden Norm aufgeführten Ketten.

Tab. 2

Kennwert	Rollen- kette DIN 8187	Buchsen- kette DIN 8164	Zahn- kette DIN 8190	Fleyer- kette DIN 8152	Gall- kette DIN 8150
Elastizitätsgrenze $\varepsilon_{bl} = 0,01\%$	$0,41\,P_B$	$0,38\,P_B$	$0,42\,P_B$	$0,41\,P_B$	$0,41\,P_B$
Streckgrenze $\varepsilon_{bl} = 0,2\%$	$0,615\,P_B$	$0,59\,P_B$	$0,69\,P_B$	$0,64\,P_B$	$0,66\,P_B$

4.6 Bruchlasten und Kettenbrüche

4.6.1 Bruchlasten

Die im Versuch ermittelten Bruchlasten stimmten im allgemeinen mit den in den Firmenkatalogen angegebenen Werten überein. Ein Einfluß der Anzahl der Vorbelastungen bis $0,4\,P_B$ auf die Bruchlast konnte nicht festgestellt werden. Diese Aussage gilt für alle untersuchten Kettentypen.

4.6.2 Kettenbrüche

Die für die untersuchten Ketten verwendeten Werkstoffe zeigen bei hohen Festigkeiten bis etwa 140 kp/mm² noch eine sehr gute Verformbarkeit, so daß für statische Be-

lastungen reine Verformungsbrüche zu erwarten sind. Die bleibenden Verformungen
an den Ketten beginnen bei Belastung zunächst als Sitzdehnungen in der Kettenbuchse
sowie in der Verbindung zwischen Lasche und Bolzen. Diese bis zur Elastizitätsgrenze
auftretenden plastischen Formänderungen haben jedoch noch keinen zerstörenden
Charakter. Erst bei Überschreiten der Elastizitätsgrenze verformen sich die Bohrungen
in den Außenlaschen derart, daß sie zu einem Oval in Längsrichtung erweitert werden
(vgl. Abb. 37).
Die Erscheinungen werden gleichermaßen bei Rollen-, Buchsen-, Fleyer- und Gallketten beobachtet. Steigt die Belastung über $0{,}9\ P_B$ an, so wird, wie aus Abb. 38 ersichtlich, mit zunehmender Last eine Einschnürung an der Lasche sichtbar, die bei
weiterer Laststeigerung zum Bruch der Kette führt. Die entstehenden Laschenbrüche
sind, wie Abb. 39 zeigt, Gleitbrüche und trennen einen Sektor von etwa 90° aus der
Lasche heraus.
Neben den bei allen Kettenarten sehr häufigen Laschenbrüchen konnten nur vereinzelt
Bolzenbrüche festgestellt werden (Abb. 40). Das typische Bruchaussehen der Zahn-
laschen von Zahnketten ist in Abb. 41 gezeigt. Auch hier handelt es sich um einen
Gleitbruch.

5. Untersuchungen an Kettenlaschen

Die Ermittlung und Auftragung der Leistungsgrenzen von Kettentrieben (Horsepower-
Ratings), Abb. 42, zusammen mit den typischen Brucherscheinungen zeigt, daß im
unteren Drehzahlbereich die Zeitfestigkeit der Laschen bzw. vereinzelt auch der Bolzen
und im oberen Drehzahlbereich die Festigkeit der Rollen und Buchsen die übertragbare
Leistung begrenzen. Die Deutung dieser Zusammenhänge durch Auftragung der über-
tragbaren Kraft in Abhängigkeit von der Drehzahl in Abb. 43 läßt erkennen, daß es
eindeutig die Wöhlerkurven für Laschen und Rollen sind, die diese dachförmige Lei-
stungskurve (Abb. 42) erzeugen. Die Begrenzung der Leistung durch unzulässig hohen
Verschleiß tritt erst, wie Abb. 42 zeigt, in der Nähe der Maximaldrehzahl des Triebes
ein (Freßgrenze). In diesem Gebiet bricht die Ölversorgung der Gelenke zusammen, so
daß Freßerscheinungen in den Gelenken die Kette schnell unbrauchbar machen. Ins-
besondere zeigt aber Abb. 43, daß im unteren Drehzahlbereich – dem Haupteinsatz-
gebiet der Kette – mit Steigerung der Laschenfestigkeit eine Erhöhung der Leistungs-
übertragung der Kette verbunden ist. Der folgende Teil des Berichtes befaßt sich daher
mit der Untersuchung der Laschen und dem Ziel, über Veränderungen der Geometrie
eine Erhöhung der Festigkeit zu erreichen.

5.1 Statisches Last-Dehnungsverhalten von Einzellaschen in Abhängigkeit
vom Übermaß zwischen Bolzen und Laschenbohrung
und der Fertigungsart der Laschenbohrung

Zur Ermittlung des Einflusses des Übermaßes zwischen Bolzen und Laschenbohrung
und der Fertigungsart der Laschenbohrung auf das statische Verhalten der Laschen
wurden 2″-Kettenaußenlaschen aus Stahl C 60 vergütet mit einem Bolzendurchmesser
von 17,65 mm in der schon früher erwähnten Zerreißmaschine untersucht. Die Varia-
tion der Fertigungsart erstreckt sich auf gestanzte und gebohrte Laschen mit den Loch-

durchmessern 17,1; 17,2; 17,3; 17,4; 17,5; 17,6 mm. Die verwendeten Bolzen bestehen aus 50 Cr V 4 (DIN 17200). Sie sind vergütet und geschliffen und haben eine Oberflächenhärte von $HR_c = 46 \ldots 50$. Die Längspreßverbindung zwischen Laschen und Bolzen wurde mit den über 3 mm 15° konisch ausgeführten Bolzen bei einer Vorschubgeschwindigkeit von 1 mm/s unter Rübölschmierung hergestellt.

Die statischen Versuche erstrecken sich auf die Feststellung des Last-Dehnungsverhaltens. Sowohl bei gebohrten als auch bei gestanzten Laschen zeigt sich mit zunehmendem Übermaß ein in der Gesamttendenz steilerer Verlauf der Funktion $\sigma = f(\varepsilon)$ ($\sigma = P/F_0$; $F_0 = 150$ mm², Querschnitt im Bereich der Laschenbohrung; ε = Gesamtdehnung) und ein zunehmend flacherer Verlauf der Funktion $\sigma = f(\varepsilon_{bl})$ (ε_{bl} = bleibende Dehnung). Dieser Umstand ist darauf zurückzuführen, daß infolge der örtlichen Kaltverfestigung mit zunehmendem Übermaß die elastische Dehnung abnimmt, während durch den bei der Verfestigung vorhandenen plastischen Verformungsanteil die bleibende Dehnung zunimmt. Bei gebohrten Laschen ist diese Tendenz jedoch zu etwas größeren Übermaßen hin verschoben. Alle vergleichbaren Ergebnisse der Einzelversuche sind in Abb. 44 für gestanzte Kettenlaschen und in Abb. 45 für gebohrte Kettenlaschen und in ihrer Gegenüberstellung in Abb. 46 dargestellt.

Bruchspannung σ_B und die Streckgrenzen $\sigma_{0,2}$ und $\sigma_{0,1}$ zeigen ein schwach ausgeprägtes Maximum, das bei den gestanzten Kettenlaschen bei ca. 1,4% Übermaß und bei den gebohrten Kettenlaschen bei ca. 2,1% liegt.

5.2 Festigkeitsverhalten der Kettenlasche bei dynamischer Belastung abhängig von Übermaß und Fertigungsart der Laschenbohrung

Die dynamischen Zugversuche an gestanzten und gebohrten Kettenlaschen verschiedener Übermaße wurden mit einer konstanten Unterlast von $\sigma_u = 26,6$ kp/mm² und veränderlicher Oberlast durchgeführt. Dabei ergab sich, daß bei Preßsitzen mit großem Übermaß von 3,1 und 2,55% die Bolzen zu ca. 80 bis 90% vor den Kettenlaschen durch Dauerbruch zerstört werden. Der untersuchte Übermaßbereich wurde deshalb nur in den Grenzen von 2 bis 0,3% variiert. Die Ergebnisse der dynamischen Zugversuche sind in den Abb. 47 bis 51 dargestellt. Bei den Versuchen an gestanzten Kettenlaschen zeigten sich mit abnehmendem Übermaß Zunahmen der Dauerfestigkeit von ca. 10% auf 33,3 kp/mm² (Abb. 47), die bei Lastwechselzahlen von $7 \cdot 10^6$ bis $7,5 \cdot 10^6$ erreicht werden. Die Geraden für die verschiedenen Übermaße laufen im Zeitfestigkeitsbereich nahezu parallel. Die Untersuchungen an gebohrten Laschen zeigen dagegen mit Steigerung des Übermaßes bis zu einem gewissen Grade eine Zunahme der Dauerfestigkeit um ca. 10% auf 34 kp/mm² (Abb. 48). Das Dauerfestigkeitsmaximum liegt bei einem Übermaß von etwa 1,4%. Im Zeitfestigkeitsbereich ergeben sich von der Lastwechselzahl abhängige Unterschiede, so daß Parallelität der Geraden nicht mehr gegeben ist.

Abb. 49 zeigt Festigkeitswerte aus den Versuchen an gestanzten Laschen mit sehr großem Übermaß, bei denen die Laschenbrüche durch die vorher erfolgten Bolzenbrüche ausgelöst werden. Diese Kurven, die mit den anderen Auftragungen nicht verglichen werden können, ergeben Dauerfestigkeiten von 30 kp/mm² bei Lastwechselzahlen von $9 \cdot 10^6$. Die Zeitfestigkeit zeigt relativ niedrige Werte.

Ein Festigkeitsvergleich bei gestanzten und gebohrten Kettenlaschen (Abb. 50 und 51) ergibt sowohl bei der Dauerfestigkeit (Abb. 50) als auch bei der Zeitfestigkeit (Abb. 51) ausgeprägte Maxima. Bei den gestanzten Laschen liegt das Festigkeitsmaximum sowohl bei der Dauer- als auch bei der Zeitfestigkeit bei $\approx 0,85\%$ Übermaß, bei den gebohrten Laschen ergeben sich optimale Festigkeitsverhältnisse bei $\approx 1,6\%$ Übermaß.

12

Absolut gesehen, liegen die ermittelten Spannungen bei gebohrten Kettenlaschen höher als bei gestanzten, was durch die dauerfestigkeitssteigernde Wirkung der besseren Oberfläche erklärt werden kann.

5.3 Laschenbrüche bei dynamischen Zugversuchen

Während bei den statischen Versuchen die Brüche (Abb. 39) ausschließlich im Bereich des Laschenauges als Gleitbrüche auftreten, verschiebt sich bei dynamischer Beanspruchung die Bruchfläche in die Übergangszone zwischen Laschenauge und Laschenschaft (Abb. 52). Hier ergibt sich ein Bereich, in dem die Dehnung den am Bolzen anliegenden Innenrand der Laschenbohrung von der Fugenpressung entlastet. Dabei bilden sich im Takt der schwingenden Belastung geringe Reibbewegungen zwischen Bolzen und Lasche aus. Die einsetzende Reiboxydation in Verbindung mit der Spannungsspitze führt zur Bildung eines Anrisses, der dann unter dem Einfluß des äußeren Spannungsfeldes fortschreitet. Bei geringerem Übermaß sind die Reibbewegungen größer, da die Verformungsbehinderung durch den Bolzen im unteren Augenbereich nicht so wirksam ist. Die Folge sind stärkere Reiboxydation, höhere Spannungsspitzen und letztlich geringere Dauerfestigkeit. Bei zu großem Übermaß und damit zu großer Pressung im Auge wird die Einspannwirkung für den Bolzen vorherrschen, und es kommt – wie schon erwähnt – zu Dauerbrüchen des Bolzens und erst sekundär zu einer Zerstörung der Lasche.

5.4 Einflüsse der äußeren Laschenform auf die statische und dynamische Festigkeit

Die statische und dynamische Festigkeit der Laschen von Stahlgelenkketten hängt außer vom Übermaß zwischen Bolzen und Bohrung von der Oberflächenbeschaffenheit an den Fügestellen, der Wärmebehandlung der Teile und verschiedener anderer Faktoren, auch ganz wesentlich von der Gestalt der Laschen ab. Bei näherer Betrachtung des Einflusses der Laschengestalt auf die Festigkeit wird deutlich, daß die seit langem bei Stahlgelenkketten vorherrschende Laschenform, die nur zwei bis drei Variationen im Bereich der Taille erfährt, nicht als optimal angesehen werden kann.
Besonders bei dynamischer Beanspruchung treten Dauerbrüche auf, die auf hohe Spannungsspitzen am Bohrungsinnenrand hindeuten. Während es zur Erzielung einer hohen statischen Bruchlast ausreichend erscheint, den Bruchquerschnitt zu verstärken, werden zur Verminderung der Spannungskonzentration bei Dauerbeanspruchung und zur Einhaltung bestimmter Verformungsgrenzen bei statischer Belastung an die Formgebung größere Ansprüche gestellt.
Für die Ermittlung der optimalen Laschenform wurden verschiedene Laschenformen entworfen (Abb. 53), die sowohl Änderungen der Taille und der Kopfüberhöhung als auch die Auswirkungen von Entlastungsbohrungen erfassen. Die Untersuchungen der Laschenformen nach Abb. 53 erfolgte zunächst spannungsoptisch. Dabei ergeben sich trotz der zum Teil großen Verschiedenheit der untersuchten Laschenformen nur geringe Unterschiede in den Spannungen im Bereich des Laschenkopfes. Für das Entlasten der Bohrungsunterseite ergibt sich ein differenzierteres Bild. Da hier ein Atmen des Sitzes der Bildung von Passungsrost Vorschub leistet, der mit großer Wahrscheinlichkeit zum Ausgangspunkt eines Dauerbruches wird, kann eine möglichst geringe Entlastung von der Fugenpressung als sinnvoller Gestaltungsgesichtspunkt gelten.
Die geringste Entlastung zeigt die Lasche III, und sie dürfte daher, wenn die Verhältnisse auf Stahl übertragbar sind, am besten gegen Reiboxydation gefeit sein.

Zur Untersuchung der Laschenformen aus Stahl wurden die Laschenmodelle nach Abb. 53 aus C 60 vergütet (7,65 mm dick) gefertigt und sowohl statisch als auch dynamisch belastet. Bei den statischen Untersuchungen wurde – ausgehend von einer Vorlast von 500 kp – die Last in Stufen von 1000 kp gesteigert, wobei vor jeder Laststeigerung jeweils auf die Vorlast zurückgegangen wurde. Bei Einsetzen des Fließens wurde entlastet und der Dehnversuch wiederholt. Das sich dabei ergebende Last-Dehnungsverhalten für die einzelnen Laschenformen ist in den Abb. 54 bis 58 aufgetragen. Aus den statischen Gesamtdehnungsmessungen (bezogen auf die Teilung der Lasche) und auch aus Feindehnungsmessungen an den höchstbeanspruchten Stellen geht die Lasche III als die mit der letztlich günstigsten Gestalt hervor. Auch die spannungsoptische Untersuchung hatte dieses Ergebnis geliefert, wenn auch dort die geringste Entlastung von der Fugenpressung als Auslesegesichtspunkt zugrunde gelegt worden war.

Die dynamischen Untersuchungen der Laschen wurden bei konstanter Zugunterlast von 4 Mp und in den Grenzen von 6 bis 12 Mp veränderlicher Oberlast durchgeführt (nach [7], Bd. II, S. 203/4). Bei diesem Vorgehen ändert sich mit dem Spannungsausschlag zugleich auch die Mittelspannung. Bis auf Lasche IVa zeigen alle untersuchten Laschen das gleiche Bruchbild, einen vom Tangentialspannungsmaximum am Bohrungsinnenrand nach außen gehenden Bruchverlauf. Der Bruch in der Taille bei Lasche IVa ist offensichtlich auf Unterdimensionierung zurückzuführen. Den Ergebnissen nach hat die Lasche IIa mit einer leichten Kopfüberhöhung die höchste Dauerfestigkeit. Wie auch Abb. 59 zeigt, ist mit dieser Lasche eine Steigerung der Dauerfestigkeit gegenüber der bisherigen Laschenform um 25% möglich. Eine weitere Kopfüberhöhung, wie sie bei der Lasche IIb verwirklicht ist, führt wieder zu einer Abnahme der Dauerfestigkeit. Das hat seinen Grund in der spannungsoptisch gefundenen Störung des Spannungszustandes im Übergangsbereich vom Auge in die Taille. Neben Lasche IVa zeigt auch Lasche I wegen des ungünstigen »Kraftflusses« die geringste Dauerfestigkeit. Bei Lasche IV findet man eine starke Streuung der ertragenen Lastwechsel, doch scheint sie der Lasche IIa fast ebenbürtig zu sein.

6. Zusammenfassung

Im Bereich der statischen Untersuchungen an Stahlgelenkketten werden für Rollen-, Buchsen-, Zahn-, Fleyer- und Gallketten das Last-Dehnungsverhalten für verschiedene Belastungsbedingungen ermittelt. Belastungskennwerte bei einmaliger und mehrmaliger Belastung, wie Elastizitäts- und Streckgrenzen sowie Federsteifigkeit, werden aus den Versuchen bestimmt und angegeben.

Die statische und dynamische Untersuchung von Kettenlaschen ergibt eine Abhängigkeit der Festigkeit vom Übermaß zwischen Bolzen und Laschenbohrung sowie von der Fertigungsart der Laschenbohrung.

Einzelergebnisse sind in Diagrammen dargestellt. Die Untersuchung der äußeren Laschenform zeigt, daß die bei den Stahlgelenkketten vorherrschende Laschenform nicht optimal ist. Durch eine kinematisch mögliche leichte Kopfüberhöhung an der Lasche ist eine Steigerung der Dauerfestigkeit von 25% erreichbar.

7. Literaturverzeichnis

[1] B. DEBLOM, Studienarbeit. Institut für Maschinenelemente und Maschinengestaltung, TH Aachen, Aachen 1959.

[2] U. POTTHAST, Studienarbeit. Institut für Maschinenelemente und Maschinengestaltung, TH Aachen, Aachen 1962.

[3] W. ACHENBACH, Studienarbeit. Institut für Maschinenelemente und Maschinengestaltung, TH Aachen, Aachen 1960.

[4] G. REBEL, Studienarbeit. Institut für Maschinenelemente und Maschinengestaltung, TH Aachen, Aachen 1963.

[5] G. REBEL, Diplom-Arbeit. Institut für Maschinenelemente und Maschinengestaltung, TH Aachen, Aachen 1962.

[6] H. SCHOTTE, Kettenbericht Nr. 10. Institut für Maschinenelemente und Maschinengestaltung, TH Aachen, Aachen 1962.

[7] E. SIEBEL, Handbuch der Werkstoffprüfung, Bd. II, Berlin 1955.

Anhang

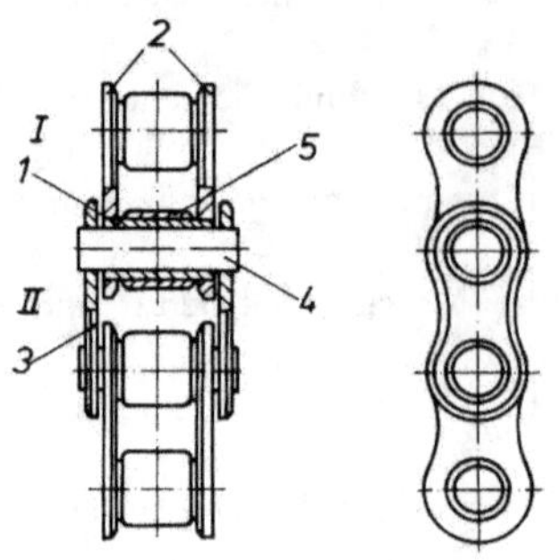

Abb. 1   Aufbau einer Rollenkette nach DIN 8187

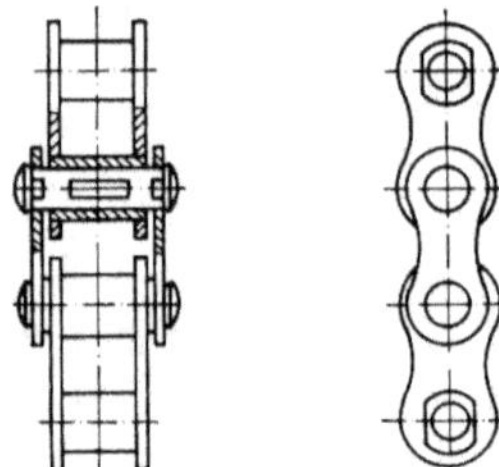

Abb. 2   Aufbau einer Buchsenkette nach DIN 8164

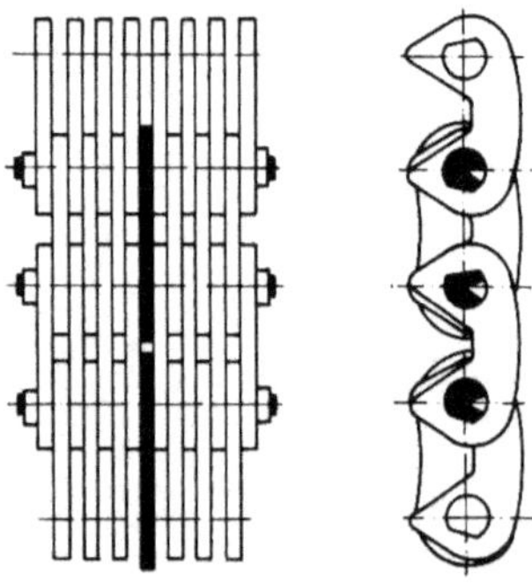

Abb. 3   Aufbau der untersuchten Zahnkette

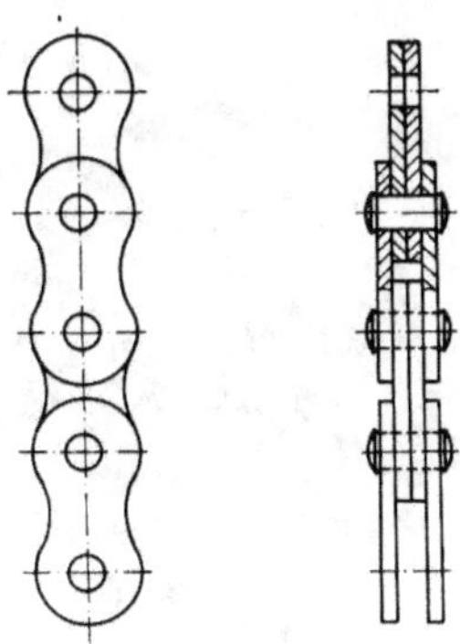

Abb. 4   Aufbau der Fleyerkette (schmal) DIN 8152

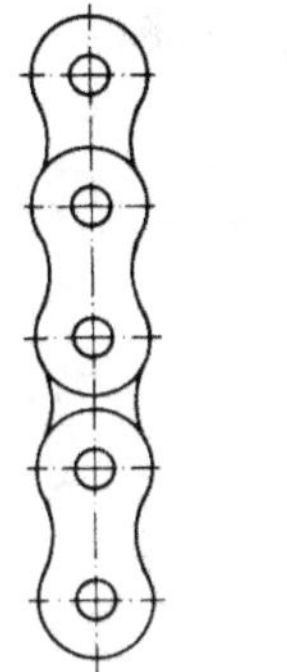
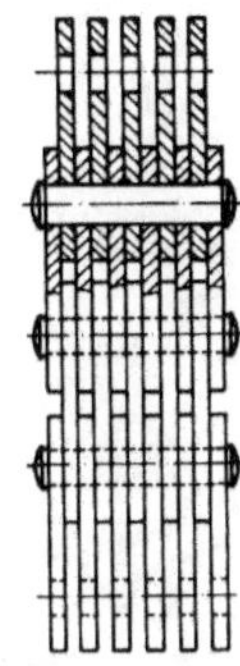

Abb. 5   Aufbau der Fleyerkette (breit) DIN 8152

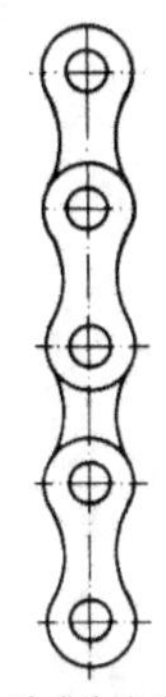
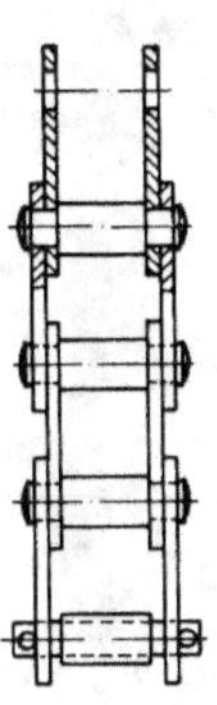

Abb. 6   Aufbau der Gallkette (leicht) DIN 8151

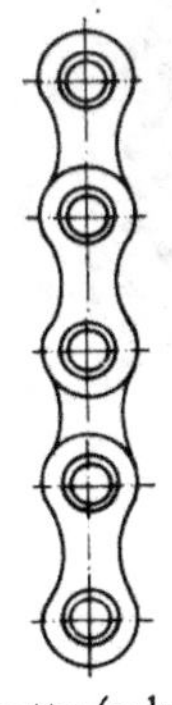
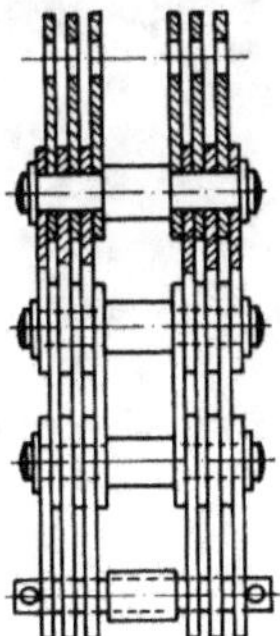

Abb. 7   Aufbau der Gallkette (schwer) DIN 8150

Abb. 8   Einspannvorrichtung zur Untersuchung von Ketten

Abb. 9   Einspannvorrichtung zur Untersuchung von Ketten

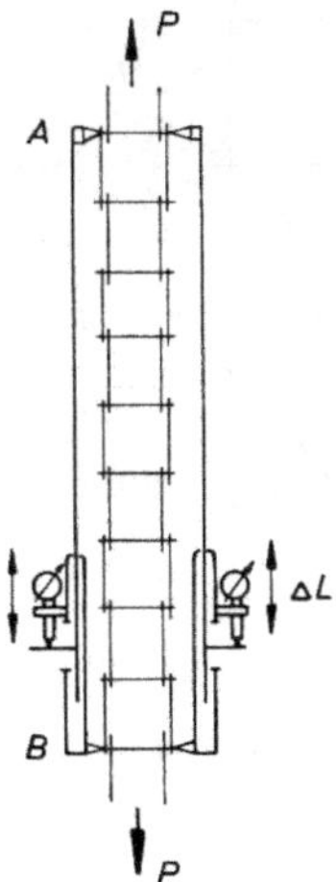

Abb. 10   Schema der Vorrichtung zur Dehnungsmessung an Ketten

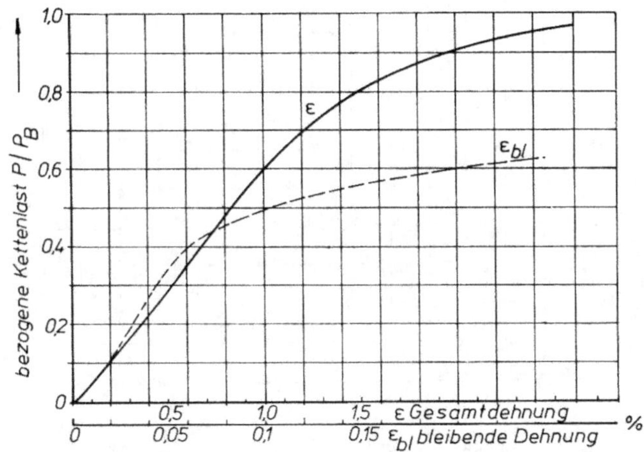

Abb. 11   Last-Dehnungsverhalten der Rollenkette (DIN 8187) bei einmaliger Belastung

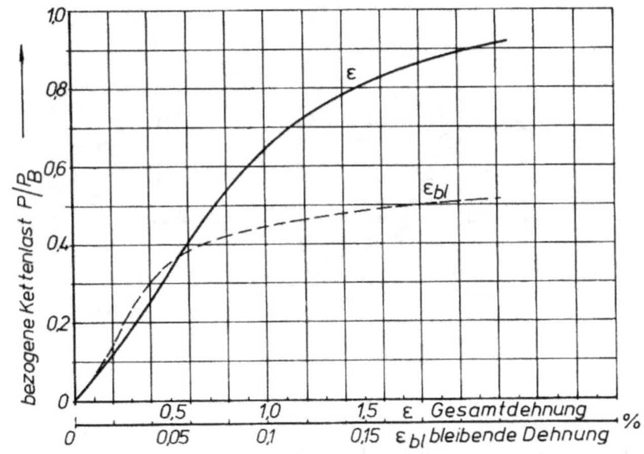

Abb. 12   Last-Dehnungsverhalten der Buchsenkette (DIN 8164) bei einmaliger Belastung

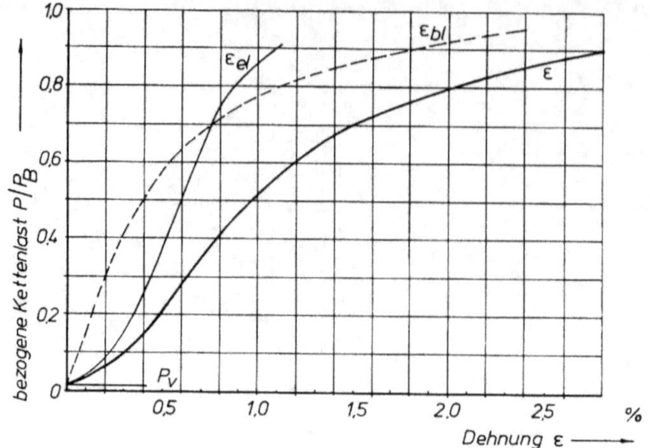

Abb. 13 Last-Dehnungsverhalten einer Fleyerkette von 25 mm Teilung
bei einmaliger Belastung

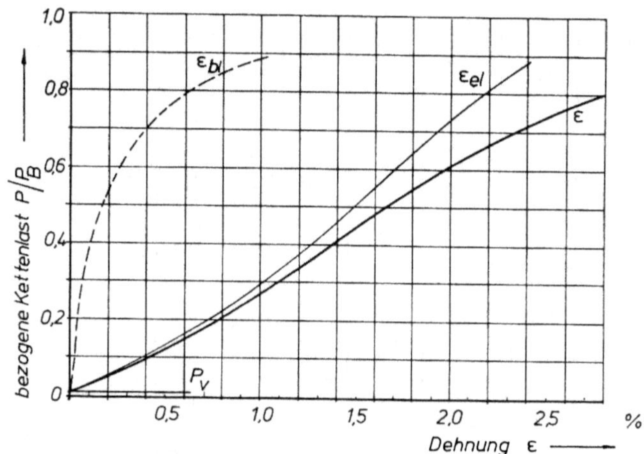

Abb. 14 Last-Dehnungsverhalten einer Zahnkette von 19,05 mm Teilung
bei einmaliger Belastung

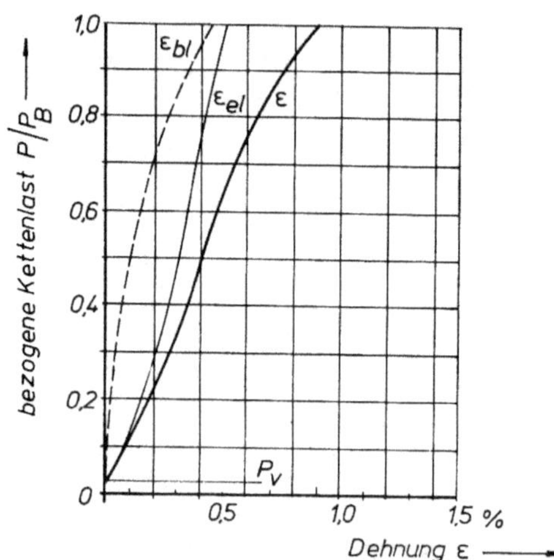

Abb. 15 Last-Dehnungsverhalten einer Gallkette (leicht, DIN 8151) von 50 mm Teilung
bei einmaliger Belastung

20

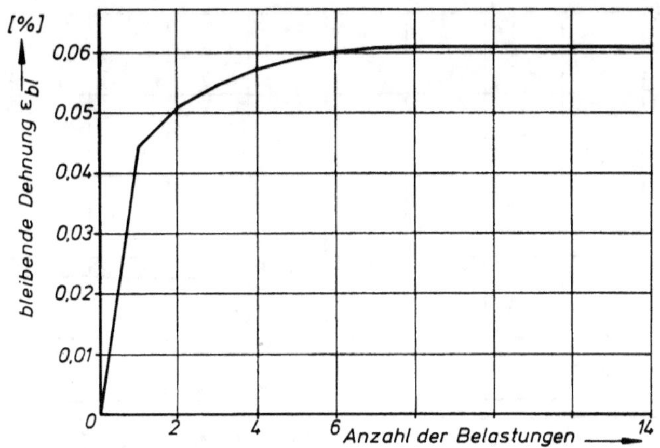

Abb. 16 Veränderung der bleibenden Dehnung ε_{bl} einer Rollenkette (DIN 8187) 25,4×17,02×15,88 mit der Anzahl der Belastungen $P_v = 0,4\,P_B$

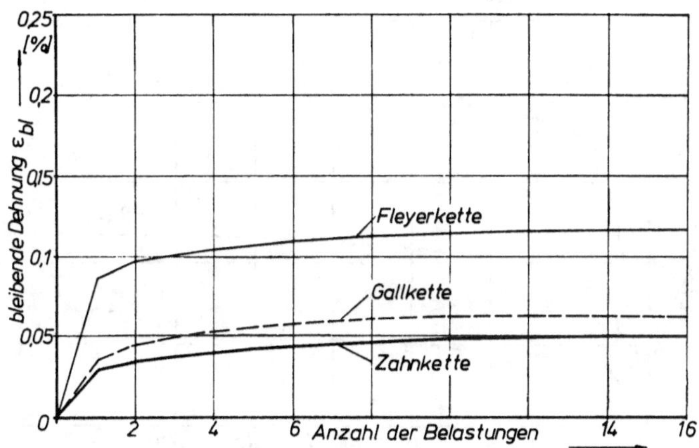

Abb. 17 Veränderung der bleibenden Dehnung ε (%) von Fleyer-, Gall- und Zahnkette mit der Anzahl der Belastungen; Belastungshöhe $0,2\,P_B$

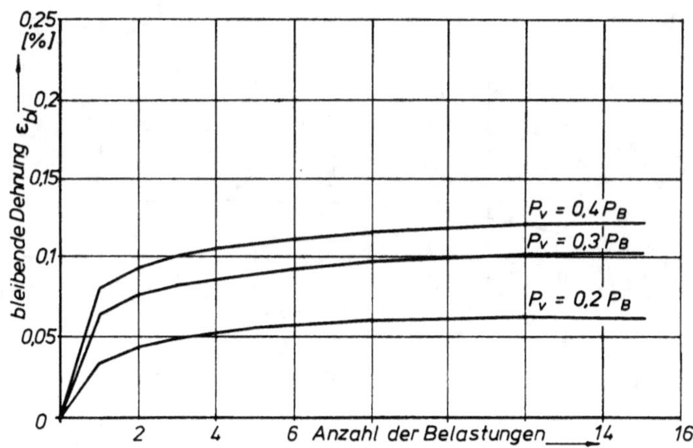

Abb. 18 Bleibende Dehnung bei unterschiedlichem Lastniveau für Buchsenkette 25×18×25 abhängig von der Anzahl der Belastungen

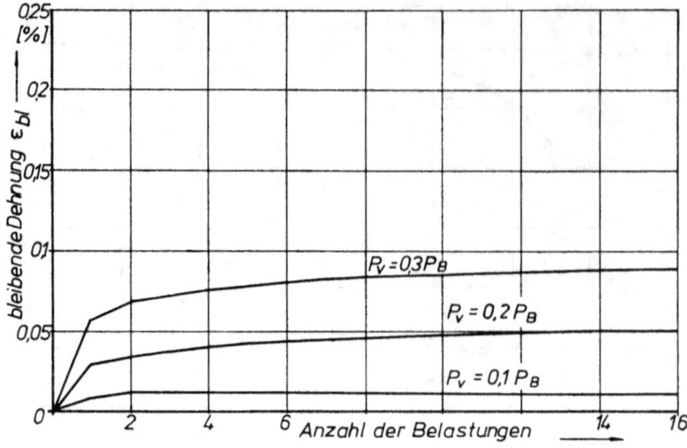

Abb. 19   Bleibende Dehnung bei unterschiedlichem Lastniveau für Zahnkette 12,7 mm Teilung abhängig von der Anzahl der Belastungen

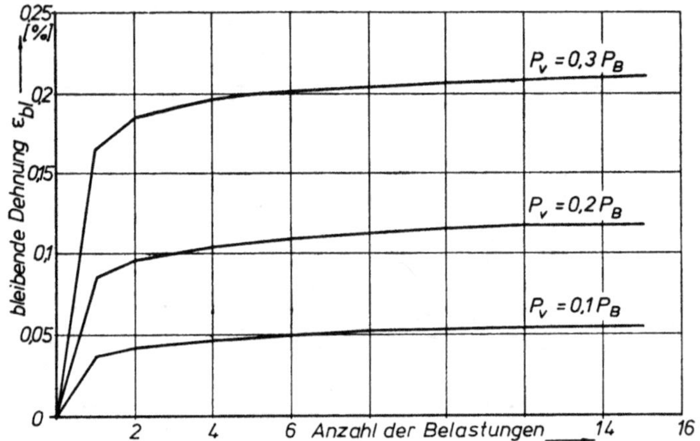

Abb. 20   Bleibende Dehnung bei unterschiedlichem Lastniveau für Fleyerkette 25 mm Teilung abhängig von der Anzahl der Belastungen

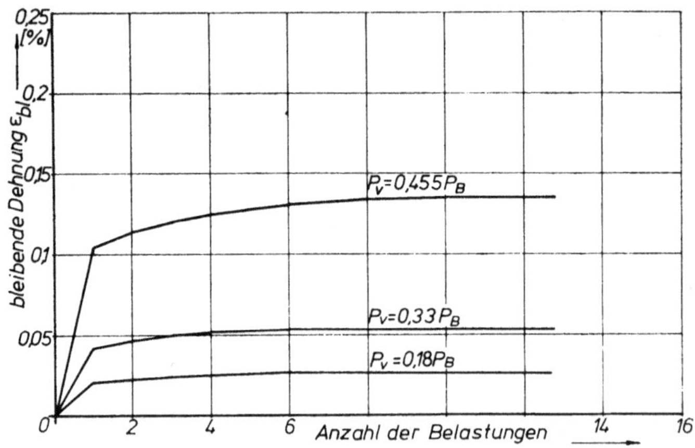

Abb. 21   Bleibende Dehnung bei unterschiedlichem Lastniveau für Gallkette 25 mm Teilung abhängig von der Anzahl der Belastungen

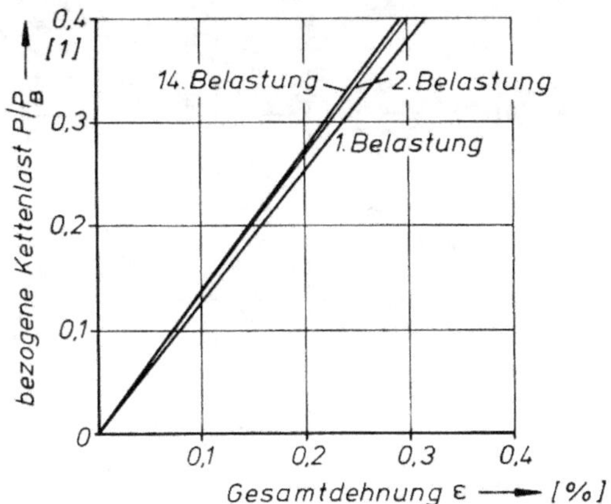

Abb. 22   Last-Verformungslinien für Rollenkette (DIN 8187) $25,4 \times 17,02 \times 15,88$ nach der 1., 2. und 14. Belastung bis $P/P_B = 0,4$

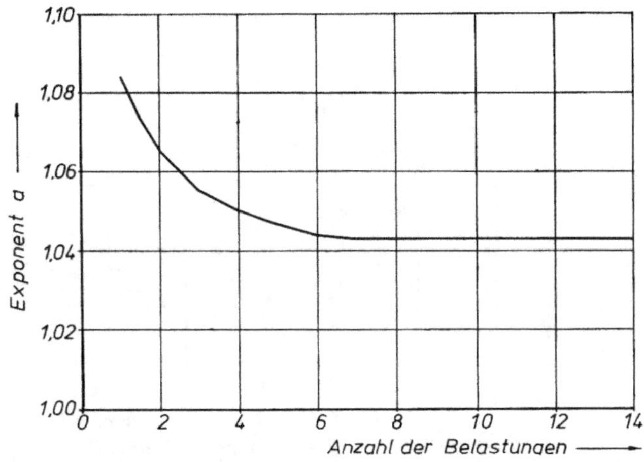

Abb. 23   Exponent a als Linearitätskennwert aufgetragen über der Anzahl der Belastungen für Buchsenkette $25 \times 18 \times 15$

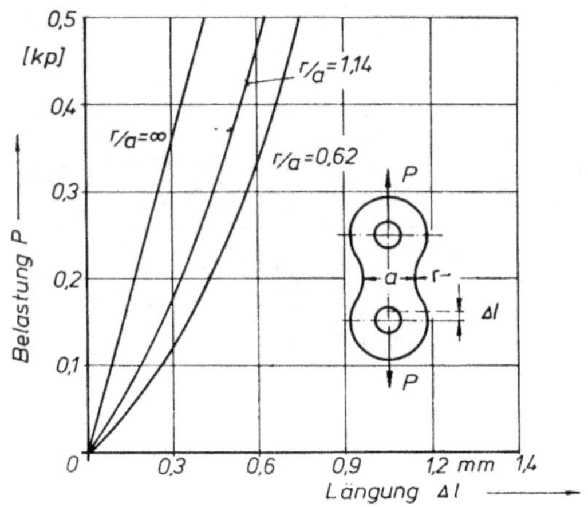

Abb. 24   Elastisches Verhalten verschiedener Laschenformen
(Die Messungen wurden am Gummimodell ausgeführt)

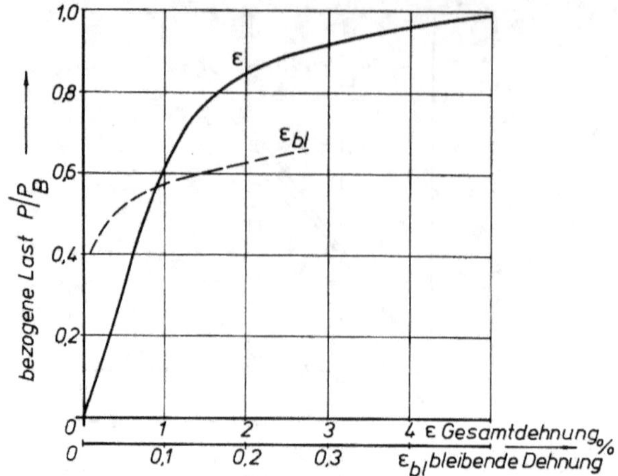

Abb. 25 Last-Dehnungskennlinie von Rollenketten DIN 8187
nach 15maligem Vorrecken bis auf 0,4 P_B

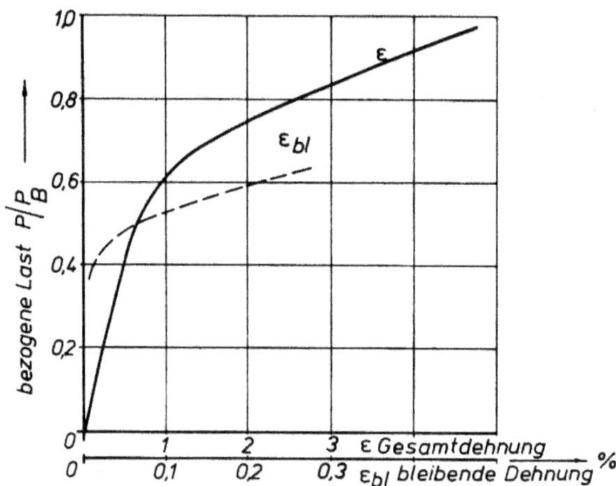

Abb. 26 Last-Dehnungskennlinie von Buchsenketten DIN 8164
nach 15maligem Vorrecken bis auf 0,35 P_B

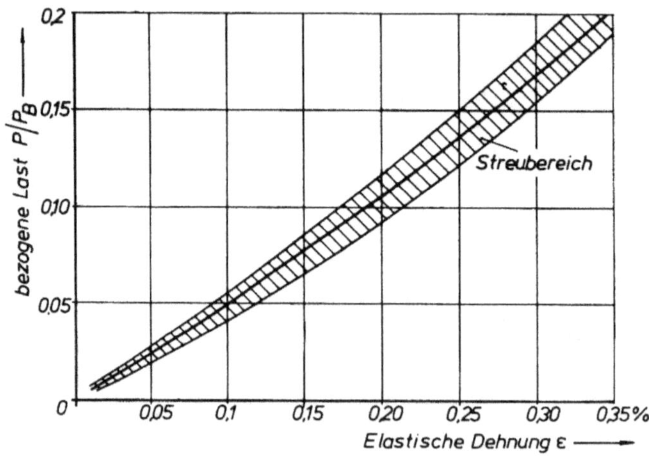

Abb. 27 Last-Dehnungskennlinie bei mehrfacher Belastung für Rollenkette DIN 8187
bis 0,2 P_B mit Streubereich

24

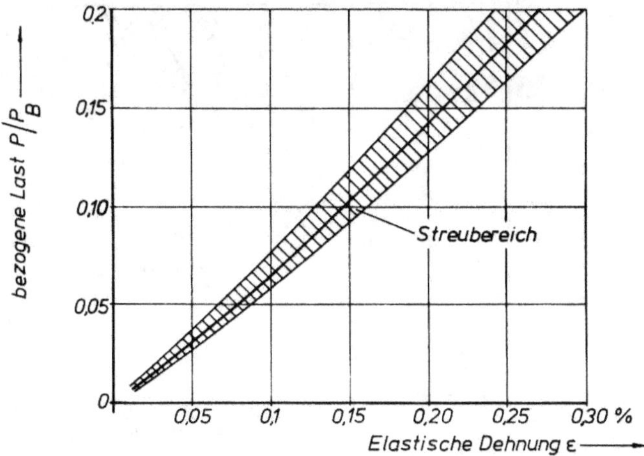

Abb. 28 Last-Dehnungskennlinie bei mehrfacher Belastung für Buchsenkette DIN 8164 bis 0,2 P_B mit Streubereich

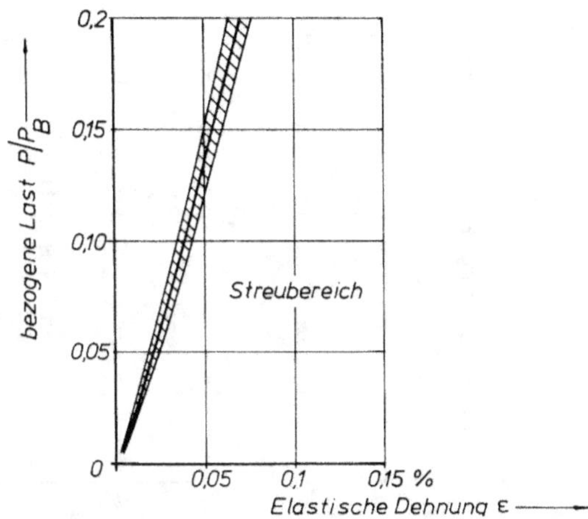

Abb. 29 Last-Dehnungskennlinie bei mehrfacher Belastung für Zahnketten DIN 8190 bis 0,2 P_B mit Streubereich

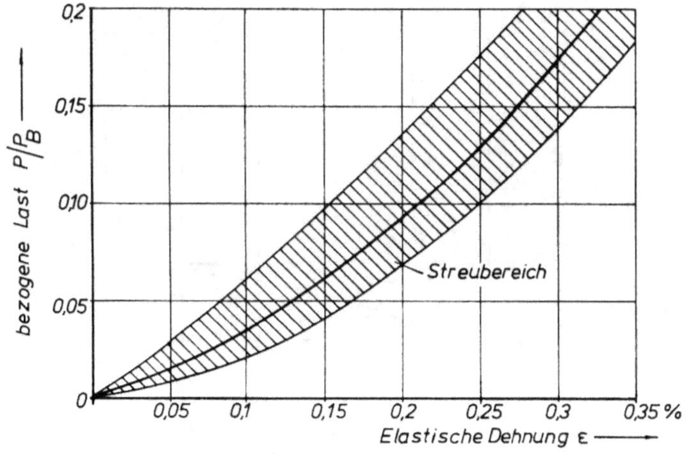

Abb. 30 Last-Dehnungskennlinie bei mehrfacher Belastung für Fleyerkette DIN 8152 bis 0,2 P_B mit Streubereich

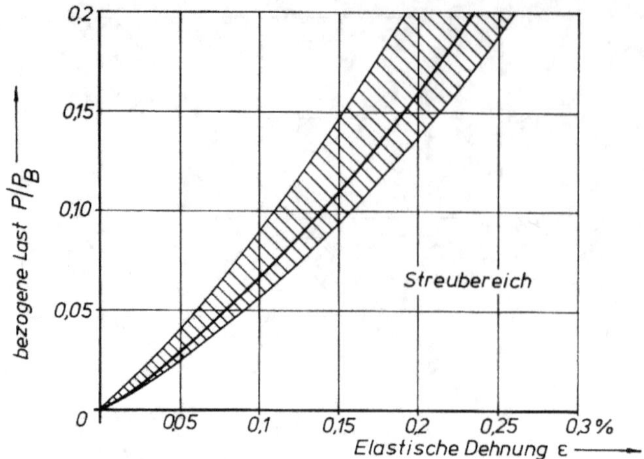

Abb. 31   Last-Dehnungskennlinie bei mehrfacher Belastung für Gallkette DIN 8150 bis 0,2 P_B mit Streubereich

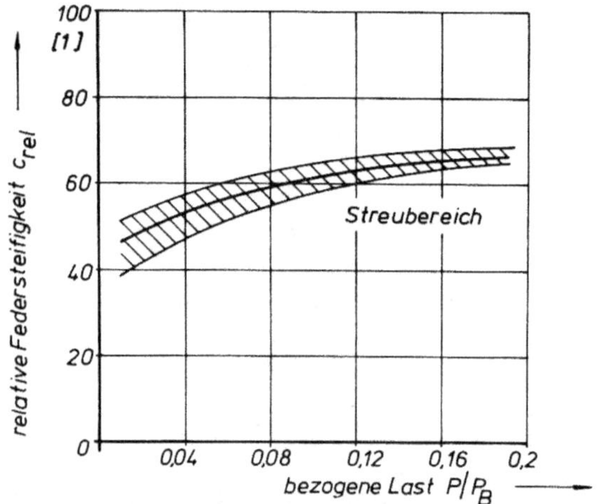

Abb. 32   Relative Federsteifigkeit von Rollenketten DIN 8187 nach mehrfacher Belastung

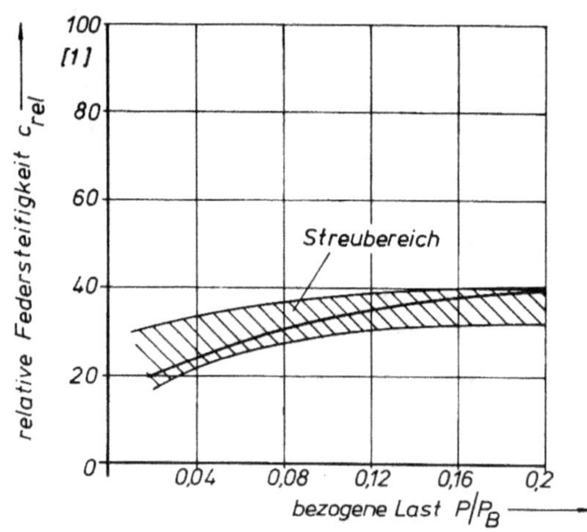

Abb. 33   Relative Federsteifigkeit von Buchsenketten DIN 8164 nach mehrfacher Belastung

26

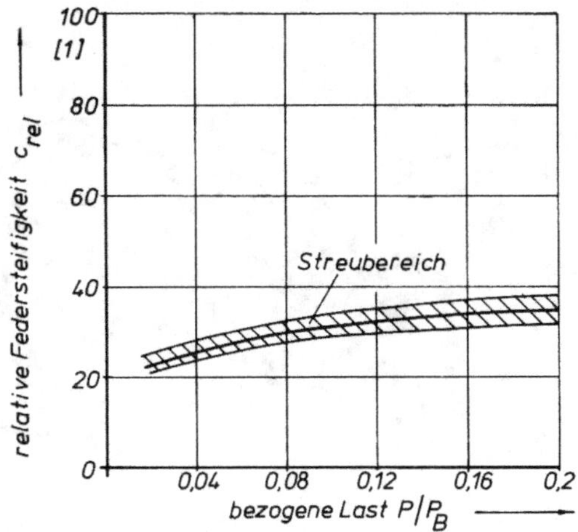

Abb. 34   Relative Federsteifigkeit von Zahnketten DIN 8190 nach mehrfacher Belastung

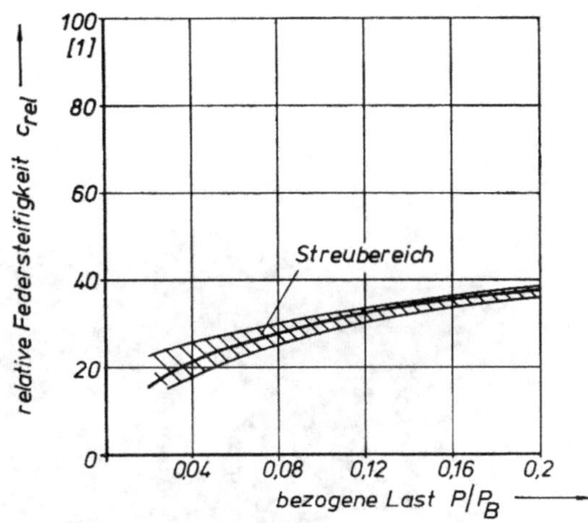

Abb. 35   Relative Federsteifigkeit von Fleyerketten DIN 8152 nach mehrfacher Belastung

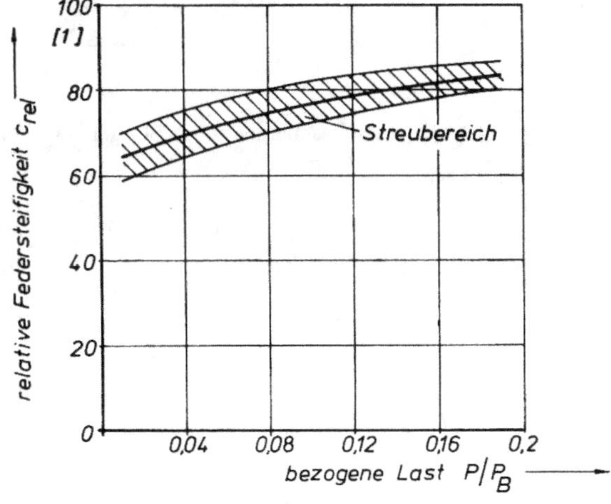

Abb. 36   Relative Federsteifigkeit von Gallketten DIN 8150 nach mehrfacher Belastung

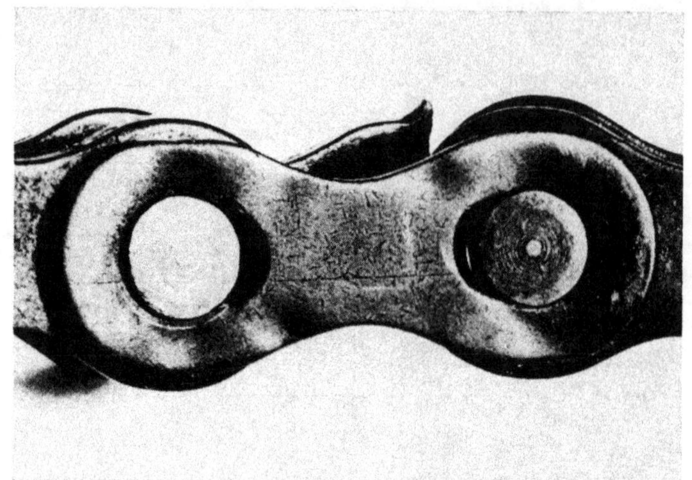

Abb. 37 Verformungszustand einer statisch belasteten Kette nach Überschreiten der Elastizitätsgrenze

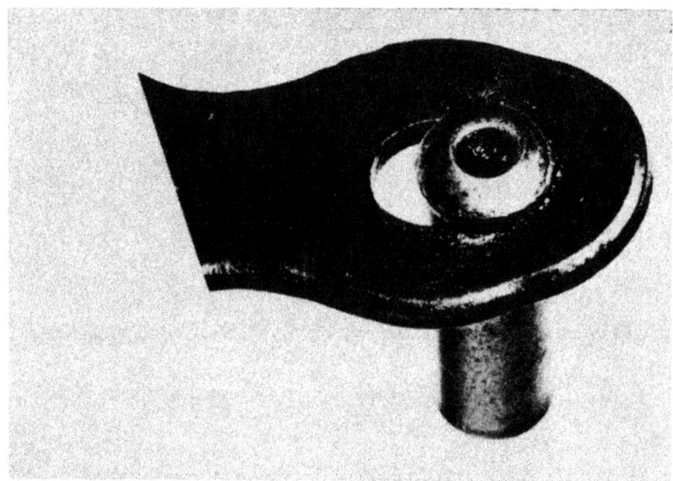

Abb. 38 Einschnürung im Bereich der Laschenbohrung bei der durch statische Last verformten Kette

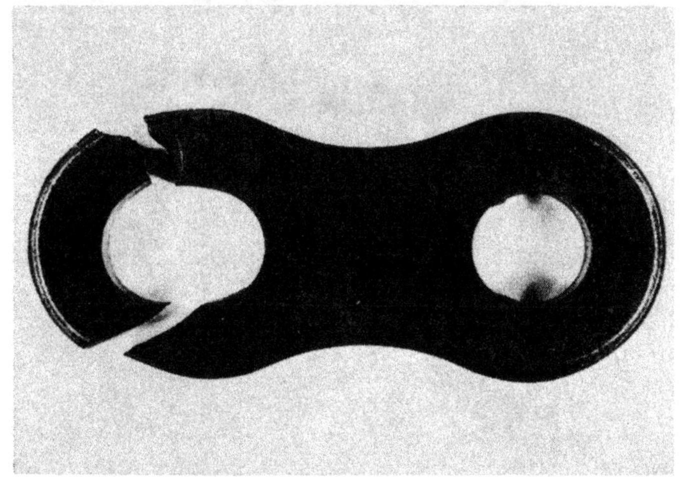

Abb. 39   Gleitbruch an einer Kettenlasche unter statischer Last

Abb. 40   Bolzenbruch unter statischer Last

Abb. 41   Typische Bruchformen an Zahnkettenlaschen unter statischer Last

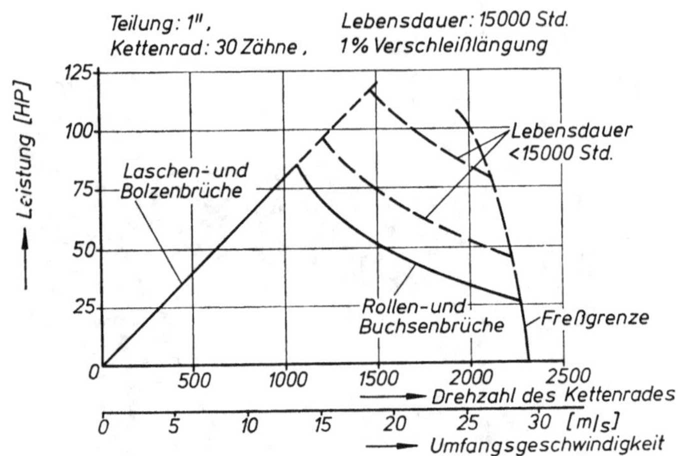

Abb. 42   Horsepower-Ratings für Kette 1"

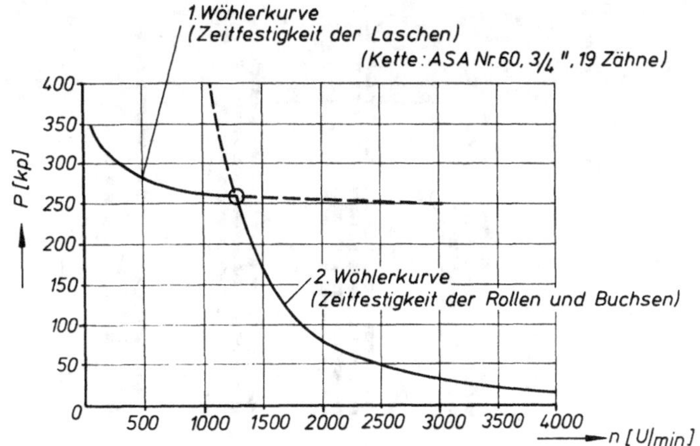

Abb. 43   Verlauf der Kettennutzkraft P bei den Horsepower-Ratings

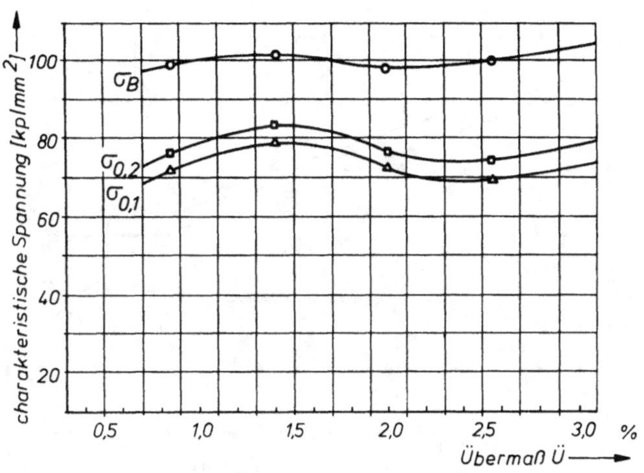

Abb. 44   Abhängigkeit charakteristischer Spannungen vom Übermaß
bei gestanzten Kettenlaschen

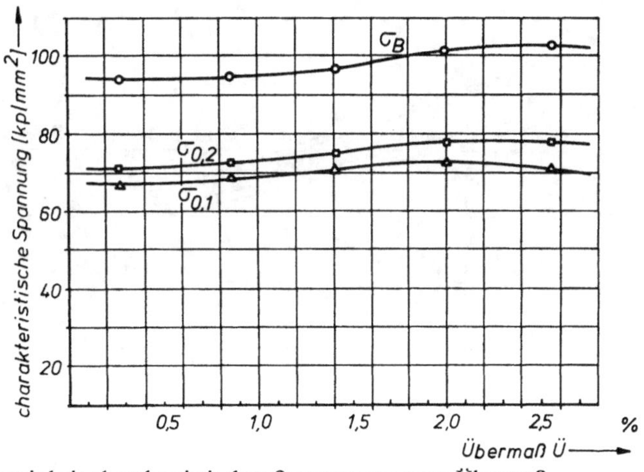

Abb. 45   Abhängigkeit charakteristischer Spannungen vom Übermaß
bei gebohrten Kettenlaschen

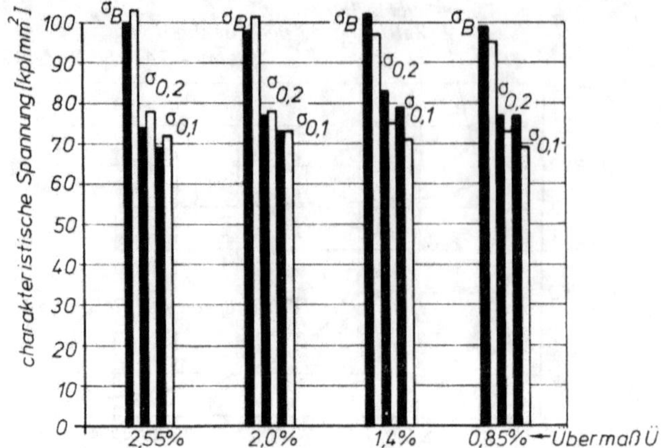

Abb. 46 Vergleich der einzelnen charakteristischen Spannungen bei verschiedenen
Übermaßen und Bearbeitung durch Stanzen ■ und Bohren ☐

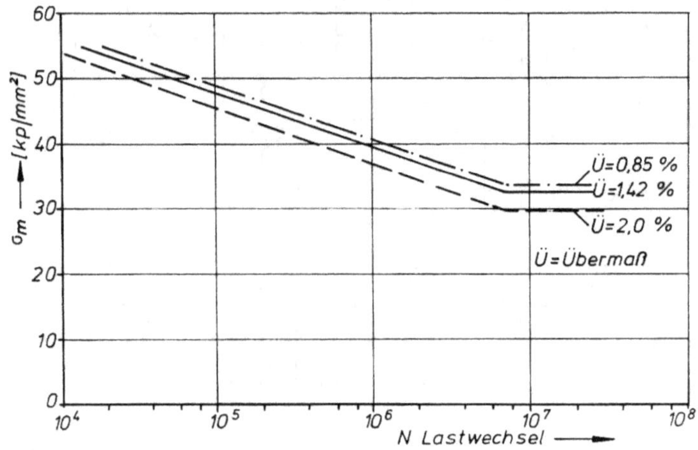

Abb. 47 Dauerfestigkeit gestanzter Kettenlaschen:
Mittelspannung σ_m über Lastwechselzahl N

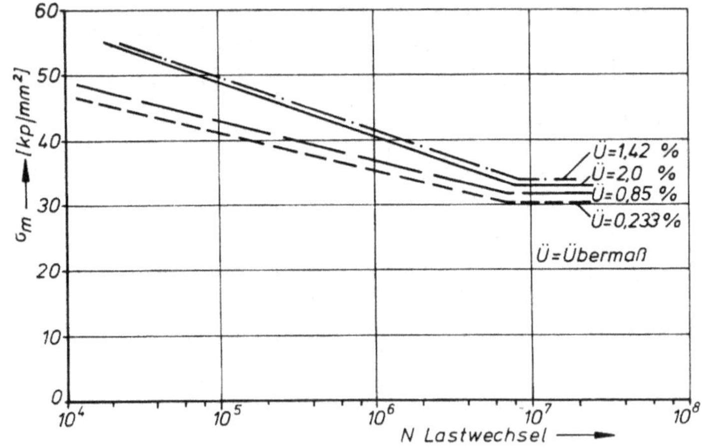

Abb. 48 Dauerfestigkeit gebohrter Kettenlaschen:
Mittelspannung σ_m über Lastwechselzahl N

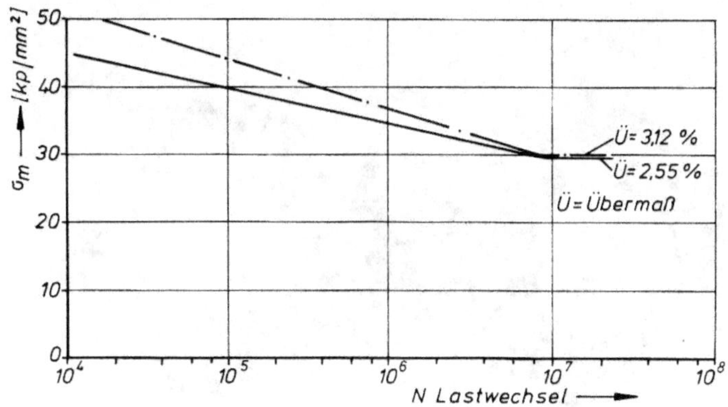

Abb. 49   Dauerfestigkeit gestanzter Kettenlaschen mit sehr großem Übermaß und
Bolzenbrüchen vor den Laschenbrüchen:
Mittelspannung σ_m über Lastwechselzahl N

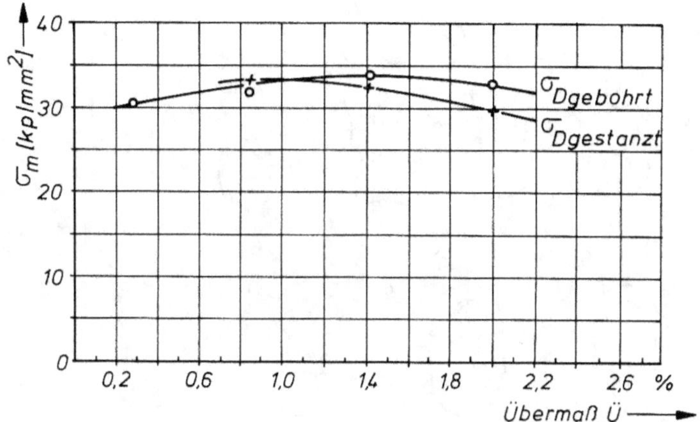

Abb. 50   Dauerfestigkeit gestanzter und gebohrter Kettenlaschen in Abhängigkeit vom
Übermaß

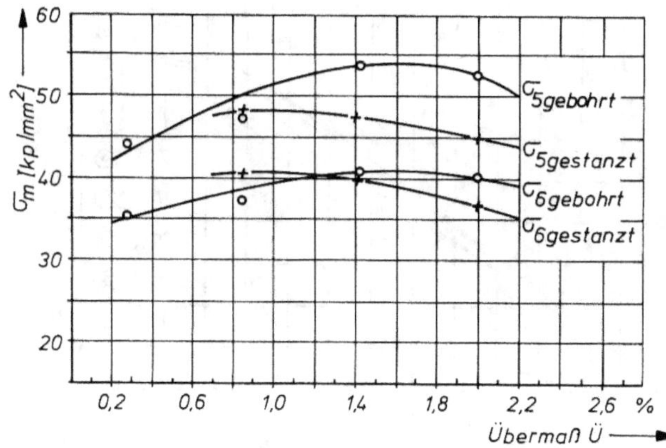

Abb. 51   Zeitfestigkeit bei 10^5 und 10^6 Lastwechseln an gestanzten und gebohrten
Kettenlaschen in Abhängigkeit vom Übermaß

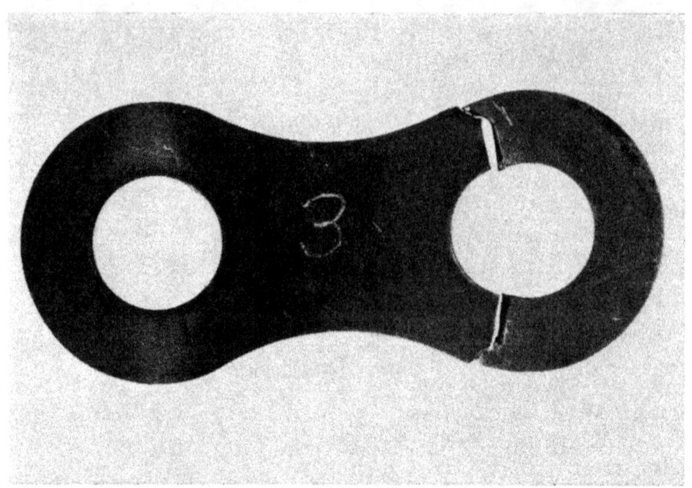

Abb. 52   Dauerbruch an einer Kettenlasche

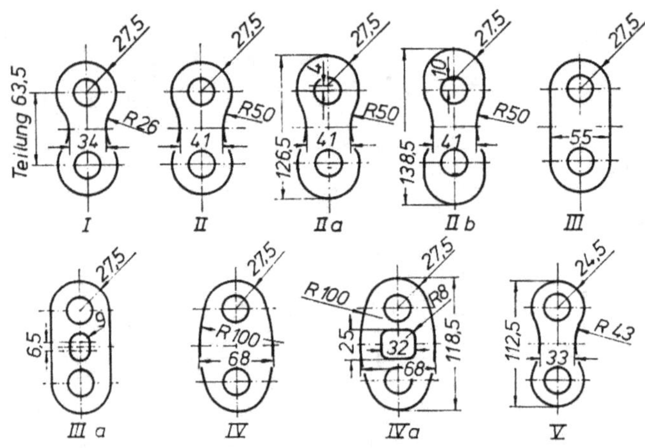

Abb. 53   Untersuchte Laschenformen
Teilung 2½″, 8 mm dick, Bohrungsdurchmesser gerieben 22,5 mm,
Werkstoff C 60 vergütet

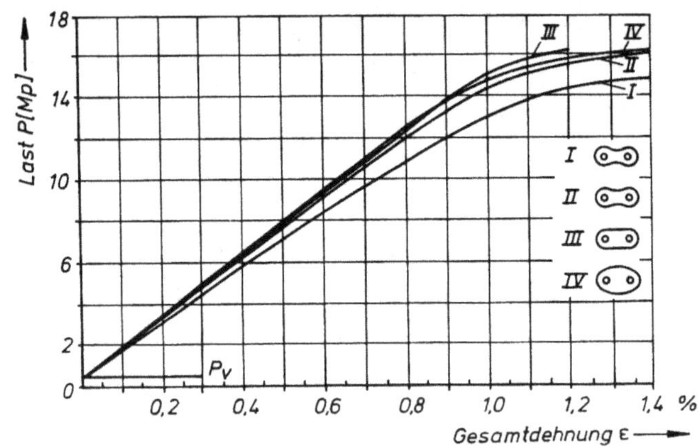

Abb. 54   Last-Dehnungsverhalten verschiedener Laschenformen nach Abb. 53,
Laschendicke 7,65 mm

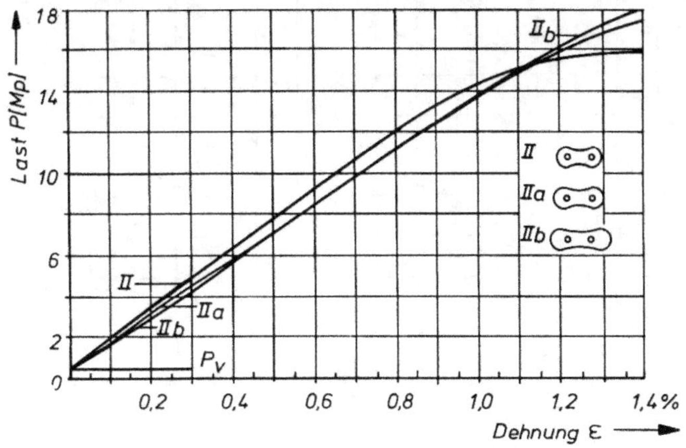

Abb. 55   Last-Dehnungsverhalten von Laschenformen nach Abb. 53,
Laschendicke 7,65 mm

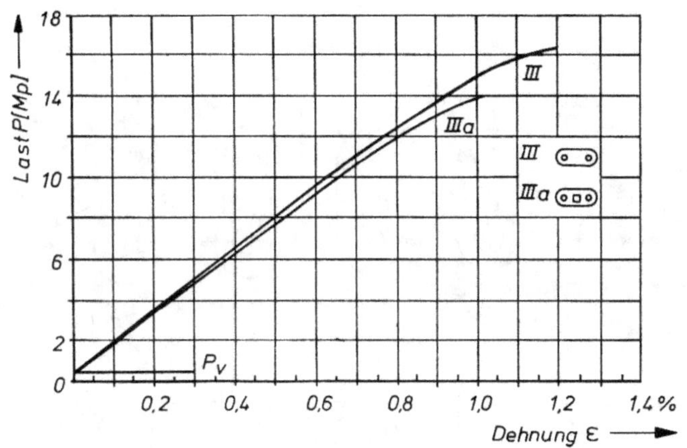

Abb. 56   Last-Dehnungsverhalten von Laschenformen nach Abb. 53,
Laschendicke 7,65 mm

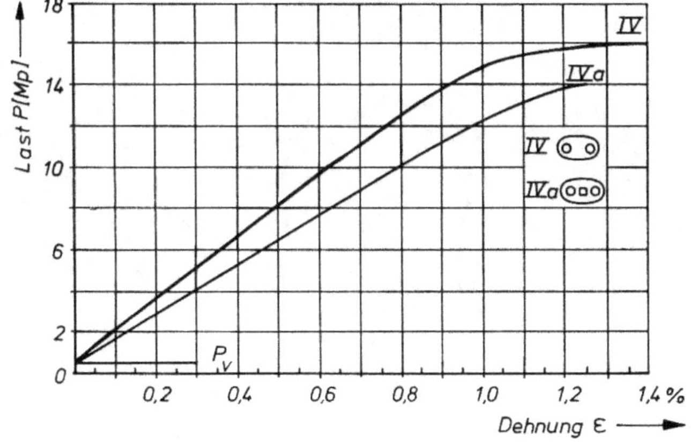

Abb. 57   Last-Dehnungsverhalten von Laschenformen nach Abb. 53,
Laschendicke 7,65 mm

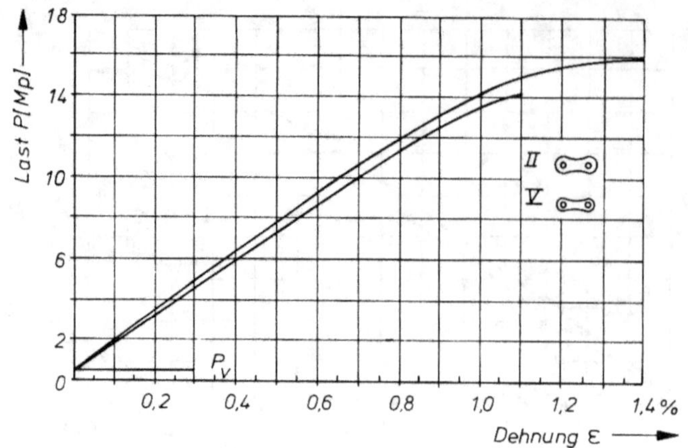

Abb. 58   Last-Dehnungsverhalten von Laschenformen nach Abb. 53,
Laschendicke 7,65 mm

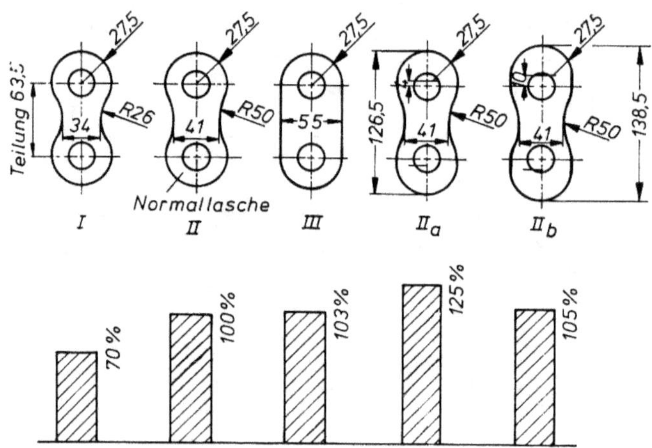

Abb. 59   Laschenform und Dauerfestigkeit
Teilung 2½″, C 60 vergütet

36

Forschungsberichte
des Landes Nordrhein-Westfalen

Herausgegeben im Auftrage des Ministerpräsidenten Heinz Kühn
vom Minister für Wissenschaft und Forschung Johannes Rau

Sachgruppenverzeichnis

Acetylen · Schweißtechnik
Acetylene · Welding gracitice
Acétylène · Technique du soudage
Acetileno · Técnica de la soldadura
Ацетилен и техника сварки

Arbeitswissenschaft
Labor science
Science du travail
Trabajo científico
Вопросы трудового процесса

Bau · Steine · Erden
Constructure · Construction material ·
Soilresearch
Construction · Matériaux de construction ·
Recherche souterraine
La construcción · Materiales de construcción ·
Reconocimiento del suelo
Строительство и строительные материалы

Bergbau
Mining
Exploitation des mines
Minería
Горное дело

Biologie
Biology
Biologie
Biologia
Биология

Chemie
Chemistry
Chimie
Quimica
Химия

Druck · Farbe · Papier · Photographie
Printing · Color · Paper · Photography
Imprimerie · Couleur · Papier · Photographie
Artes gráficas · Color · Papel · Fotografía
Типография · Краски · Бумага · Фотография

Eisenverarbeitende Industrie
Metal working industry
Industrie du fer
Industria del hierro
Металлообрабатывающая промышленность

Elektrotechnik · Optik
Electrotechnology · Optics
Electrotechnique · Optique
Electrotécnica · Optica
Электротехника и оптика

Energiewirtschaft
Power economy
Energie
Energía
Энергетическое хозяйство

Fahrzeugbau · Gasmotoren
Vehicle construction · Engines
Construction de véhicules · Moteurs
Construcción de vehículos · Motores
Производство транспортных средств

Fertigung
Fabrication
Fabrication
Fabricación
Производство

Funktechnik · Astronomie
Radio engineering · Astronomy
Radiotechnique · Astronomie
Radiotécnica · Astronomía
Радиотехника и астрономия

Gaswirtschaft	**NE-Metalle**
Gas economy	Non-ferrous metal
Gaz	Metal non ferreux
Gas	Metal no ferroso
Газовое хозяйство	Цветные металлы

Holzbearbeitung	**Physik**
Wood working	Physics
Travail du bois	Physique
Trabajo de la madera	Física
Деревообработка	Физика

Hüttenwesen · Werkstoffkunde	**Rationalisierung**
Metallurgy · Materials research	Rationalizing
Métallurgie · Matériaux	Rationalisation
Metalurgia · Materiales	Racionalización
Металлургия и материаловедение	Рационализация

Kunststoffe	**Schall · Ultraschall**
Plastics	Sound · Ultrasonics
Plastiques	Son · Ultra-son
Plásticos	Sonido · Ultrasónico
Пластмассы	Звук и ультразвук

Luftfahrt · Flugwissenschaft	**Schiffahrt**
Aeronautics · Aviation	Navigation
Aéronautique · Aviation	Navigation
Aeronáutica · Aviación	Navegación
Авиация	Судоходство

Luftreinhaltung	**Textilforschung**
Air-cleaning	Textile research
Purification de l'air	Textiles
Purificación del aire	Textil
Очищение воздуха	Вопросы текстильной промышленности

Maschinenbau	**Turbinen**
Machinery	Turbines
Construction mécanique	Turbines
Construcción de máquinas	Turbinas
Машиностроительство	Турбины

Mathematik	**Verkehr**
Mathematics	Traffic
Mathématiques	Trafic
Matemáticas	Tráfico
Математика	Транспорт

Medizin · Pharmakologie	**Wirtschaftswissenschaften**
Medicine · Pharmacology	Political economy
Médecine · Pharmacologie	Economie politique
Medicina · Farmacología	Ciencias económicas
Медицина и фармакология	Экономические науки

Einzelverzeichnis der Sachgruppen bitte anfordern

Westdeutscher Verlag · Opladen

567 Opladen/Rhld., Ophovener Straße 1–3, Postfach 1620

GPSR Compliance
The European Union's (EU) General Product Safety Regulation (GPSR) is a set
of rules that requires consumer products to be safe and our obligations to
ensure this.

If you have any concerns about our products, you can contact us on

ProductSafety@springernature.com

In case Publisher is established outside the EU, the EU authorized
representative is:

Springer Nature Customer Service Center GmbH
Europaplatz 3
69115 Heidelberg, Germany